CONSERVATION DES GRAINS,

ET DESCRIPTION

D'UN APPAREIL

PROPRE A CET USAGE.

CONSIDÉRATIONS
GÉNÉRALES
SUR LA
CONSERVATION DES GRAINS,
ET
DESCRIPTION
D'UN APPAREIL
PROPRE A CET USAGE;

PAR

CH. VALLERY,

Manufacturier à Saint-Paul-sur-Risle (Eure).

ROUEN.

IMPRIMERIE DE BERDALLE DE LAPOMMERAYE,

Rue de la Savonnerie, No 16.

1836.

CONSIDÉRATIONS

GÉNÉRALES

SUR LA

Conservation des Grains.

Il est un fait qui ne peut être révoqué en doute, c'est que la France produit autant, et même plus de grains qu'il ne lui faut pour la subsistance de ses habitants. Ce qui manque à son agriculture, à son industrie, ce sont les moyens de les conserver d'une manière économique, sans déchet, et autant de temps que les circonstances le rendent nécessaire. Si nous voyons le prix des grains s'élever tellement, qu'ils deviennent inaccessibles aux classes peu aisées de la société, et rares au point de déterminer le fléau de la famine, cela provient absolument de ce que nous ne pouvons, dans les années d'abondance, et lorsque notre sol fournit au-delà de nos besoins, mettre en réserve l'excédent, pour ensuite le retrouver dans des années moins heureuses, où les céréales deviennent insuffisantes.

De cet état de choses résultent deux graves inconvénients. Le grain est-il abondant? Les récoltes de plusieurs années en ont-elle approvisionné nos magasins au-delà de notre consommation? Il devient alors à un prix tellement bas, que les cultivateurs ne peuvent se couvrir de leurs frais d'exploitation, et que ce qui aurait dû être pour eux une cause de richesse, devient au contraire une cause de ruine. Il ne faudrait pas s'imaginer que s'ils vendent meilleur marché, ils vendent aussi en plus grande quantité, et que cette circonstance établit une compensation au bas prix de leurs denrées. Il n'en est point du placement des grains comme de celui de tout autre produit agricole qui peut se conserver facilement; lorsque les besoins de la consommation ne se font plus sentir; lorsqu'il y a engorgement de toutes parts, les demandes n'ont plus lieu, les débouchés cessent.

Au contraire, les récoltes de plusieurs années ont-elles été peu abondantes? Existe-t-il quelque différence en moins entre les ressources et les besoins? Le prix des grains s'élève tout de suite d'une manière exorbitante, et la société se trouve promptement en proie aux calamités qui sont la suite inévitable de ces moments malheureux.

Il est généralement reconnu que, quelque bas que soit le prix des grains, il est extrêmement hasardeux d'en former des approvisionnements, et que si l'emploi ne s'en présente pas promptement, on éprouve des pertes énormes, parce que cette nature de denrée, déposée dans les greniers ou magasins, s'y trouve exposée à une foule de détériorations, et que les moyens de conservation employés jusqu'ici sont aussi impuissants qu'ils sont dispendieux.

Il était donc utile qu'on s'occupât de prévenir une calamité qui menace constamment la société. C'est sous l'influence de cette considération grave que je me déterminai à consacrer plusieurs années en recherches et expériences de tout genre sur cette matière; le but que je m'étais proposé a été atteint; je dirai plus : mes prévisions ne m'avaient pas d'abord offert l'espoir de parvenir à résoudre ce problème d'une manière aussi complète.

Le système de conservation résultat de mes recherches n'est pas seulement applicable aux approvisionnements considérables, il peut être employé avec un égal avantage pour les grandes ou les plus petites quantités de grains, et, sous ce rapport, il sera précieux pour les cultivateurs qui voudront conserver leurs récoltes. Les procédés, tout entiers du domaine de la mécanique, en sont très-simples, et tout le monde en pourra d'avance apprécier l'efficacité; ils sont aussi très-économiques; car, au moyen d'appareils dont les frais de construction ne pourront s'élever, selon les localités, au-delà de 2,000 à 2,500 francs pour 1000 hectolitres de grains, et dont les frais d'entretien seront presque nuls, deux chevaux employés 4 jours par mois ou plutôt un jour par semaine, pourront suffire à la manipulation de 150 mille hectolitres de grains, ce qui, par les procédés pratiqués ordinairement, nécessiterait pendant le même temps l'emploi de 750 hommes; en un mot, les moyens de conservation actuellement en usage, qui, pour la manipulation seulement, coûtent de 60 à 70 centimes par hectolitre, et malgré lesquels les grains éprouvent en déchet et en dépréciation, une perte de valeur de 2 francs aussi par hectolitre, seront remplacés par un procédé qui mettra les blés à l'abri de toute détérioration, et qui ne reviendra pas à plus de 4 à 5 centimes. Je donne dans la suite de ce mémoire les moyens de vérifier l'exactitude des calculs qui peuvent conduire à la connaissance de ce résultat.

Cette invention intéresse tous les producteurs, et, par conséquent, plus du tiers de la population de la France.

Elle intéresse tous les consommateurs en général, car elle doit nécessairement avoir pour résultat, du jour où elle sera mise en pratique par un grand nombre d'individus, de rendre le prix des grains peu variable et toujours modéré, et, en outre, d'empêcher qu'il soit répandu dans le commerce des blés viciés et insalubres.

Elle intéresse au plus haut point la tranquillité publique, car il n'y a pas de cause et de ferment de trouble plus actif que la crainte de la disette.

Elle intéresse, enfin, et d'une manière toute particulière, certaines parties de la France qui, ne produisant point de froment en assez grande quantité pour leurs besoins, sont obligées de tirer du dehors ce qui manque à leur consommation, et de faire des emmagasinements.

Cette année, on pouvait se procurer sur nos marchés

100 kilogrammes de froment au prix de 18 francs, et le même poids d'avoine s'est long-temps vendu 20 et 21 francs.

Il est clair qu'il y avait réellement de l'économie à donner du blé aux bestiaux, et qu'il y en aura eu probablement beaucoup de consommé de cette manière. Si la conservation eût été facile, et si elle eût pu être pratiquée sans déchet et d'une manière peu coûteuse, le cultivateur aurait réservé une partie de ses grains; les prix se seraient maintenus davantage, jamais de manière à gêner les consommateurs, parce que la concurrence est toujours là pour établir un équilibre salutaire, mais assez pour que le producteur y trouvât son compte, et pût enfin vivre du fruit de ses travaux. Car, si c'est un grand malheur de voir les grains s'élever à un prix exorbitant, c'en est un aussi, qui peut avoir les résultats les plus graves, de les voir, comme cela existe depuis plusieurs années, à un prix si peu élevé, et il est certain que, si cet état critique où se trouve l'agriculteur durait encore long-temps, beaucoup de terres qui sont consacrées à la culture des blés seraient mises à un autre usage, parce que, dans l'état actuel, le producteur se ruine.

Avant de donner l'explication des moyens employés et des principes sur lesquels ils sont fondés, avant de faire la description de l'appareil, il est utile, afin d'en rendre l'intelligence plus facile, d'entrer dans quelques considérations générales sur les déchets énormes qu'éprouvent les grains mis en réserve, sur la mauvaise odeur qu'ils contractent, sur leur dépérissement, enfin, sur les causes qui déterminent ces fâcheux effets, et qui rendent à peu près impossibles les approvisionnements.

Suivant les lois de la nature, toute substance végétale parvenue à sa maturité et à sa perfection, et soustraite à l'influence de la vie, s'altère peu-à-peu, et tend à se décomposer. Ce dépérissement pour les grains est plus ou moins retardé et diminué par les soins difficiles et dispendieux qu'on y apporte. Cependant, quelques précautions qu'on ait prises jusqu'à ce jour, on n'a pu en atténuer que très-faiblement les effets.

On est réellement effrayé, lorsque l'on considère que la perte du blé soumis au système actuel de conservation, excède souvent 14 pour cent chaque année; et, soit habitude, soit insouciance, ces tristes résultats fixent généralement peu l'attention.

Cependant, à une époque peu éloignée de nous (vers le milieu du dernier siècle), plusieurs sociétés des sciences agricoles, et le gouvernement lui-même, donnèrent les plus grands encouragements pour faire cesser un état de choses aussi alarmant. De 1760 à 1780, quelques économistes distingués s'occupèrent de cette partie la plus importante de notre économie rurale, qui se lie d'une manière si intime à notre économie politique; leurs recherches furent innombrables, des expériences de tout genre furent tentées; mais malheureusement, le succès de leurs pénibles et honorables travaux ne répondit point aux sentiments élevés de philantropie qui les firent agir.

Deux causes principales concourent pour déterminer cette perte énorme qu'éprouvent les grains dont on veut opérer la conservation. La première, la plus importante, et qui n'a pu être évitée jusqu'ici, consiste dans les dévastations produites par divers insectes; la seconde, dans l'échauffement occasionné par la fermentation qui se manifeste dans les monceaux de grains.

Les rats et les souris exercent aussi des ravages qui ne sont pas sans importance, non-seulement sous le rapport de la quantité de grains dont ils se nourrissent ou qu'il perdent, mais encore sous celui de la malpropreté. Ces animaux laissent dans les monceaux de blé qu'ils attaquent des excréments qui les infectent à tel point, que, quelque soit le marché où l'on se présente, il est impossible de trouver un sac de blé dont chaque poignée de grains n'en contienne plus ou moins. Mais il n'en est point de cette dernière cause de destruction et de détérioration comme des deux précédentes, lesquelles présentent des difficultés réelles qui, avec les meilleurs soins possibles, n'ont pu être applanies; celle-ci, au contraire, eût été facilement évitée avec des magasins construits convenablement.

Les charançons, les fausses-teignes et les cadelles sont les insectes qui doivent particulièrement fixer l'attention; ils habitent les monceaux de blé, s'y multiplient d'une manière vraiment surprenante, et se nourrissent de la matière farineuse du grain.

Le charançon est un petit coléoptère qui n'arrive à l'état d'insecte parfait qu'après avoir subi plusieurs métamorphoses : sa longueur excède rarement 3 à 4 millimètres, sa largeur est environ d'un millimètre. Il en existe de beaucoup d'espèces ; la plus à redouter est celle qui se nourrit de froment. Ces insectes quittent en automne les monceaux de blé, aussitôt que la température cesse d'être de 8 à 9 degrés du thermomètre centigrade, et ne s'accouplent plus, pour la reproduction de leur espèce, dès que ce même thermomètre ne marque plus 10 à 12 degrés.

Les charançons aiment essentiellement le repos. L'étude des mœurs de ces insectes le fait voir d'une manière incontestable. Aussitôt qu'ils sont troublés, ils quittent les endroits qu'ils habitent, et vont chercher ailleurs cette tranquillité si nécessaire à leur existence.

Ils ne se livrent à la reproduction de leur espèce que dans les tas de blé ; aussitôt que la femelle du charançon est fécondée, elle s'enfonce dans l'intérieur du monceau et dépose son œuf, non pas à la surface d'un grain, mais sous l'écorce qu'elle perce auparavant, de manière que la larve qui doit éclore soit à portée des aliments qui conviennent à son existence ; cet œuf, pour ainsi dire incrusté au grain, ne se laisse point apercevoir à l'extérieur ; l'ouverture par laquelle il a été introduit est rebouchée ou plutôt cachetée par une substance glutineuse que la femelle dépose à cet endroit. Il reste dans cet état 5 à 6 jours, selon que la température est plus ou moins élevée, et, ce laps de temps écoulé, il donne naissance à une larve. C'est dans cette première phase de son existence que le charançon commence à exercer des ravages fort considérables en se nourrissant et prenant son accroissement aux dépens du grain même qui l'a vu naître et qui lui sert de berceau. Souvent le même grain ne suffit pas pour l'entier développement de cette larve; alors elle en attaque un second dans lequel elle vit comme dans le précédent. La nature l'a munie d'organes propres à ronger la substance farineuse du grain; son corps se compose de 10 anneaux saillants et arrondis, non compris la tête; sa longueur totale est d'environ 2 millimètres et demi; sa couleur est blanche. Du moment où cette espèce de chenille sort de son œuf à celui où elle subit sa première métamorphose, en passant à l'état de chrysalide, il s'écoule 34 à 38 jours, suivant l'élévation de la température; c'est dans l'intérieur même du grain qu'elle se transforme ainsi, et lorsqu'elle a acquis son plus grand développement.

Parvenu à l'état de chrysalide, le charançon ne prend plus de nourriture et ne donne presque aucun signe de vie; il reste dans cette situation 7 à 8 jours, jusqu'à ce que, se débarrassant de son enveloppe, il subisse sa dernière métamorphose, et paraisse à l'état de scarabée parfait.

La nourriture qui lui convenait lorsqu'il n'était que chenille ou larve, lui convient encore lorsqu'il est arrivé à la dernière phase de son existence. Sa couleur, qui est d'abord d'un jaune pâle, passe promptement au brun foncé; son corps se compose de trois parties, la tête, le corselet et le ventre. A la tête, on remarque deux yeux placés de côté; deux antennes composées de deux articles et une trompe qu'il porte en tous sens, et qu'il allonge et raccourcit à volonté; elle est armée à son extrémité de deux serres qui lui servent à ronger le grain. Six pattes composées de plusieurs articles et munies de deux crochets, chacune à leur partie inférieure, sont fixées au corselet. A l'aide de ces crochets, il peut se tenir et marcher sur les surfaces renversées et polies.

La dernière partie de son corps, le ventre, est recouverte de deux étuis écailleux qui paraissent devoir envelopper de petites ailes, comme chez la plupart des scarabées; mais ces étuis ne sont doués d'aucune mobilité, et adhèrent à la membrane de dessous le ventre.

Les charançons ne s'unissent pour la reproduction de leur espèce que 9 à 10 et quelquefois 12 jours après qu'ils ont subi leur dernière métamorphose. Il s'écoule donc de 60 à 64 jours depuis le moment où les œufs ont été produits, jusqu'à celui où les insectes sont capables de se livrer à la reproduction de leur espèce.

En appliquant le calcul à ces expériences, on est effrayé des résultats, quand on voit que, seulement pendant la saison de l'année où le thermomètre, au milieu du jour, ne descend point sensiblement au-dessous de 10 à 12 degrés centigrades, 12 paires de charançons peuvent se multiplier au point de procréer plus de 75 mille individus de leur espèce; et lorsque l'on a observé, en outre, que chaque charançon détruit ou consomme pour sa subsistance 3 ou 4 grains pendant cette partie de l'année où la température est trop douce pour les faire déloger des tas de blé, on peut alors se faire une idée des dégâts qu'ils causent réellement. Voulant constater qu'elle serait la perte qu'occasionneraient 12 couples de charançons et leur progéniture renfermés dans une caisse, et mis à même de 50 kilogrammes de froment, je fis l'expérience suivante :

J'eus soin de garnir l'intérieur de la caisse d'une toile métallique, dont le tissu était assez fin pour qu'aucun de ces individus ne pût sortir, ou par les jointures du bois, ou par quelque fente qui aurait échappé à la vue ; ensuite, pour m'assurer que le grain sur lequel j'allais faire mon expérience ne contenait aucun insecte autres que ceux que je voulais y mettre moi-même, je mis ce grain dans une étuve dont la température avait été portée à 80 degrés ; je le laissai dans cette position environ 35 minutes ; ainsi traité, il avait perdu considérablement de son poids ; son écorce était devenue dure et cassante ; je le rendis à son état primitif, en faisant passer à travers le monceau un courant d'air chargé d'humidité. En continuant cette opération quelque temps, le blé reprit bientôt le poids qu'il possédait d'abord, et, l'enveloppe, la souplesse que son exposition à une haute température lui avait fait perdre.

Toutes ces précautions prises, je mis le blé dans la caisse; j'y ajoutai, le 25 avril, 12 couples de charançons, et la refermai aussitôt de son couvercle. A la fin de novembre de la même année, je fis l'ouverture de cette caisse, que j'avais mise dans un endroit sombre et peu fréquenté ; j'y trouvai une peuplade considérable d'insectes, produite par plusieurs générations successives ; mais ce qui me surprit le plus, c'est que les 50 kilogrammes de grain que j'y avais déposés avaient éprouvé une perte de poids de 15 kilogrammes ou 30 pour cent. Ce qui restait avait un goût extrêmement désagréable, et presque tous les grains, dont la majeure partie avait été attaquée, ne se composaient pour ainsi dire plus que du son qui les enveloppait; la matière farineuse avait presque disparu. Cette dernière circonstance démontre l'importance du dommage causé par les charançons. En effet, la quantité de blé soumise à l'expérience a bien subi en son entier un déchet de 30 pour cent; comme ce déchet n'a frappé que sur la substance farineuse, que cette dernière n'existe dans le froment que dans une proportion de 65 à 75 pour cent, suivant la qualité de celui-ci, il en résulte que la perte réelle qu'a éprouvée la partie qu'il importe le plus de conserver a dépassé 45 pour cent.

Il est vrai que, dans cette opération, les conditions les plus propres à l'existence, au développement et à la multiplication de ces insectes se trouvaient réunies; leur repos n'avait point été troublé pendant tout le temps qu'avait duré l'expérience, et la température avait été maintenue au degré le plus convenable.

La fausse-teigne diffère essentiellement du charançon; ses mœurs ne sont point les mêmes. Cet insecte est un petit papillon de la classe des phalènes; sa tête est munie d'une trompe et d'antennes à filet; il porte des ailes luisantes, quelques fois blanchâtres, mais plus souvent couleur café au lait un peu foncé, garnies d'une petite frange de poils assez longs ; on remarque également à la tête deux barbes recourbées en forme de petites cornes.

Ces papillons se répandent dans les campagnes et commencent à dévaster les grains lorsque ceux-ci sont encore sur les plantes. Ils s'abattent sur les épis et y élaborent leur postérité en y déposant une quantité fort considérable d'œufs. Ces œufs ne sont point, comme ceux des charançons, fixés à l'intérieur du grain ; ils sont au contraire à sa surface, sur l'écorce ; les coques de ces œufs ont fort peu de consistance, et adhèrent faiblement au grain ; le plus léger frottement suffit pour les écraser ou pour les détacher. Les larves qu'ils produisent se nourrissent et prennent leur accroissement aux dépens de la matière farineuse du grain ; mais avant de l'entamer, elles ont la précaution de se mettre à l'abri des injures de l'air, en se faisant une espèce d'habitation composée de filaments fort déliés, et c'est seulement lorsque ces travaux sont terminés et qu'elles n'ont plus rien à craindre de l'extérieur, qu'elles commencent à ronger le grain. Cette opération demande plusieurs jours, suivant qu'elle est plus ou moins activée par l'élévation de la température.

Cet insecte, à l'état de larve, est d'une délicatesse extrême, le moindre abaissement de température, le plus léger choc le fait périr ; il arrive souvent qu'un seul grain ne suffit point pour son entier développement ; alors, il joint un second grain au premier, à l'aide de filaments de la même espèce que ceux dont il s'était d'abord revêtu.

Les fausses-teignes sont peu connues dans la partie septentrionale de la France; mais dans l'intérieur et dans la partie méridionale, elles sont, au contraire, en nombre infini, et produisent les plus grands dégâts; il est d'autant plus difficile de s'en défendre, que les graminées en général qu'elles attaquent, sont frappées et infectées avant même d'être retirées des champs. Les fausses-teignes s'accroissent dans le gerbier et s'y multiplient d'une manière prodigieuse. Pouvant se transporter à des distances considérables par le vol, elles s'introduisent, après la moisson, dans les tas de blé pour y déposer leurs œufs; comme les charançons, elles cherchent toujours à faire leur ponte sur les objets même qui doivent servir de subsistance à leur progéniture.

Ces insectes, de l'état de larve, passent à celui de chrysalide, puis deviennent papillons. C'est alors qu'ils peuvent se reproduire, mais ils ne sont plus dangereux pour les récoltes, que par les nouvelles générations qu'ils y introduisent. Les substances qui leurs convenaient quand ils n'étaient encore qu'à l'état de larve, ne leur conviennent plus lorsqu'ils sont arrivés à l'état d'insecte parfait. Sous ce rapport, comme sous beaucoup d'autres, ils différent essentiellement des charançons.

La cadelle, quoiqu'elle ne soit généralement point distinguée de la fausse-teigne, n'a cependant, comme insecte, comme individu, rien de commun avec cette dernière; elle ne lui ressemble que sous le rapport de la voracité de sa larve pour le froment.

La larve de la cadelle est beaucoup plus grosse que celle de la fausse-teigne : deux ou trois grains de blé ne suffisent point à sa subsistance ; quelquefois, même, elle en attaque plusieurs à la fois. Ces insectes déposent leurs œufs à la surface des grains ; ils peuvent, par cette raison, et sous d'autres rapports, être comparés aux fausses-teignes, et c'est sans doute ce qui les a fait confondre avec ces dernières, ou du moins considérer comme faisant partie de la même classe.

Maintenant que nous avons examiné, avec détails, les causes extérieures du dépérissement que les blés éprouvent à la conservation ; que nous avons passé en revue les divers animaux, les divers insectes qui se nourrissent de la matière farineuse du grain, et rendent souvent infect ce qu'avec peine on est parvenu à soustraire à leur voracité, il nous reste à étudier une dernière cause de dépérissement : l'échauffement qui se développe dans les grains lorsque ceux-ci se trouvent réunis en monceaux.

Les grains sont d'autant plus susceptibles de s'échauffer spontanément, qu'ils sont plus riches en gluten et en matières gommeuses sucrées ; et, sous ce rapport, le froment est, de toutes les céréales, celle qui est le plus exposée à ce genre de détérioration. La chaleur qui se développe dans l'intérieur des monceaux de grains n'est que le résultat de la fermentation de ces principes, laquelle se présente d'abord sous des apparences alcooliques, mais bientôt change de caractère, et passe à l'état putride.

La fermentation alcoolique ou vineuse ne peut être produite que par la partie sucrée et gommeuse du grain et par l'adjonction de l'humidité. Si on a été forcé par les circonstances de moissonner avant que le grain ait acquis une maturité convenable, comme il arrive souvent dans les pays septentrionaux, la partie sucrée n'étant pas encore masquée par la substance farineuse, les grains approchent de l'état de germination, et, alors, si la température de l'atmosphère est quelque peu élevée, ils ne tardent point à fermenter.

Ces effets ont lieu avec la même intensité, si, à cause du mauvais temps, on s'est trouvé dans l'impossibilité de rentrer les récoltes dans un état de siccité convenable, et, soit que les blés tiennent leur humidité de leur non maturité, soit qu'ils aient été rentrés avant d'être parfaitement secs, il en résulte toujours, dans l'un comme dans l'autre cas, qu'ils ne peuvent être conservés, et qu'aussitôt qu'ils ont été déposés dans les greniers, ils s'échauffent et prennent un goût détestable qu'ils ne perdent jamais.

Il ne faut pas conclure de ce qui vient d'être dit, que les blés qui ont atteint le plus haut degré de maturité, qui ont été récoltés dans un moment où l'air atmosphérique était le plus sec, le plus chaud, et qui, par conséquent, ont été rentrés dans un état parfait de siccité, ne sont pas susceptibles de fermenter, lorsqu'ils sont réunis dans le grenier. L'échauffement est retardé, il est vrai; mais, à la longue, la fermentation se développe, la température s'élève graduellement, et toute la masse des grains finit par acquérir une chaleur qui lui est nuisible; cela vient de ce que les grains récoltés et réservés dans les circonstances les plus favorables contiennent encore 8 à 10 pour cent d'humidité ; d'ailleurs, les variations de la température influent puissamment sur l'état hygrométrique des grains. Lorsque tout-à-coup l'air atmosphérique passe d'une basse température à une plus haute, et de l'état sec à l'état humide, il laisse condenser une partie de l'eau qu'il tient en suspension à la surface des monceaux de blé qui ne sont pas en équilibre de température avec lui. Cette eau, ainsi déposée, agit avec beaucoup d'activité : elle ne pénètre pas de suite à l'intérieur des grains ; en restant à leur surface, elle les fait adhérer, empêche, par le contact, l'air de circuler librement, et les grains sont bientôt en proie à une fermentation qu'augmente considérablement encore la raréfaction de l'air. Ces transitions atmosphériques produisent des effets tellement marqués sur l'état hygrométrique de l'écorce du grain, que, dans un moment de dégel, celui-ci ne peut être soumis que difficilement au moulage ; devenu souple et élastique, l'écorce se déchire avec peine, et quelquefois même le grain forme une pâte capable d'arrêter les meules dans leur mouvement de rotation.

La première augmentation de température que l'on remarque dans un monceau de blé est due à la fermentation vineuse ; et, dans cet état, le grain laisse dégager une quantité plus ou moins grande d'acide carbonique ; mais bientôt les symptômes changent, la chaleur développée devient considérable, et les gaz fétides qui se dégagent alors annoncent l'existence de la fermentation putride. Le froment est plus promptement que toutes les autres céréales en proie à cette fermentation, et cela, sans doute, parce que, proportionnellement aux diverses substances qui entrent dans sa composition, il est le plus riche en gluten. On est fondé du moins à faire cette supposition, quand on réfléchit que le gluten, à raison des éléments qui le constituent, rentre tout-à-fait dans la classe des matières animales, et tout le monde sait combien ces dernières se putréfient facilement.

L'air a une influence très-marquée sur l'échauffement des grains; stagnant, il contribue à le développer; à l'état de courant, il le retarde et l'arrête.

Les insectes n'ont pas moins d'influence, surtout s'ils sont très-multipliés, et on conçoit facilement que la chaleur partielle de chaque larve renfermée à l'intérieur du grain, ou même posée à sa surface, soit capable de procurer à la masse le germe de la fermentation, et que leurs excréments, exhalant des miasmes putrides, doivent nécessairement en hâter les effets.

Les différentes causes du dépérissement des grains sont donc : 1°, plusieurs espèces d'insectes auxquelles ils servent de berceau, d'habitation et de nourriture; 2°, et l'échauffement dû à la fermentation.

Et lorsque l'on a étudié avec soin l'économie animale et les mœurs de ces insectes; que d'un autre côté on s'est rendu un compte exact des circonstances qui, dans les grains, déterminent le mouvement spontané de la fermentation, on est à même alors d'apprécier à leur juste valeur tous les procédés qui surgissent chaque jour, et qui sont consignés, soit dans les feuilles publiques, soit dans les annales d'agriculture, soit enfin dans des ouvrages spéciaux.

L'emploi des substances à odeur forte a souvent été indiqué comme devant faire périr les insectes, ou au moins les forcer à abandonner les lieux où sont déposés les grains. Mais depuis long-temps on est fixé sur l'emploi de ces matières, qui n'ont d'autre effet que de communiquer aux blés un goût insupportable, sans nuire aux charançons, sur lesquels, comme l'expérience le prouve, sont sans action les odeurs les plus fortes, et qui nous paraissent les plus désagréables.

Le gaz acide sulfureux qui suffoque si subitement les animaux qui le respirent, n'agit lui-même que fort peu sur les charançons ; et, lors même qu'il aurait la propriété de tuer ces insectes, il ne pourrait les atteindre que partiellement, parce que ceux-ci, aux moindres dangers qui menacent leur vie, fuient les lieux qu'ils habitent pour y revenir aussitôt qu'ils n'y sont plus inquiétés.

L'emploi des gaz délétères présente d'ailleurs plus d'un genre d'inconvénient. Les ouvriers eux-mêmes qui exécutent les opérations peuvent en éprouver les premiers de fâcheux effets, et les grains que l'on veut conserver par l'emploi de ces agents en sont toujours plus ou moins altérés.

La chaleur portée à 75 et 80 degrés a certainement pour résultat de détruire non-seulement les insectes à l'état parfait et à l'état de larve, elle rend aussi leurs œufs incapables d'éclore; mais lorsque les grains ont subi cette opération, ils ont perdu une grande partie de leurs qualités; ils ne peuvent plus être employés comme semence : ils ne germent plus.

Pour peu que quelque partie de l'étuve n'atteigne point 75 à 80 degrés, les charançons s'y portent en masse et ne périssent point; de retour dans le grenier de conservation, ceux des insectes qui ont échappé à la mort par quelque cause que ce soit, pullulent, donnent naissance à de nouvelles générations, et enfin continuent leurs ravages.

Même en supposant qu'il ne reste pas un seul insecte dans les blés étuvés, et que tous aient été détruits par les effets de la haute température à laquelle ils ont été exposés, on voit les grains, au bout de quelque temps qu'ils ont été remis en magasin, ravagés de nouveau par des charançons provenus du dehors ou seulement restés dans le lieu même de la conservation.

On voit donc que l'emploi de la chaleur pour la destruction des insectes, opération d'ailleurs assez coûteuse à cause du combustible employé, de la main d'œuvre et de la construction des étuves, ne présente point d'avantages pour la conservation des grains; et, je le répète, les blés ainsi traités ne germent plus; leur écorce, en outre, est rendue tellement dure et cassante, que, soumise à l'action des meules, elle se réduit en poudre, et ne peut plus être que très-imparfaitement séparée de la farine.

On peut donc avancer, sans crainte d'être démenti, que

toutes les expériences qui ont été faites jusqu'à ce jour sur l'art de conserver les grains, n'ont eu aucun résultat, et cela parce qu'en général tous ceux qui se sont occupés de ces recherches, se sont laissés prendre trop facilement aux apparences, sans étudier avec assez de soin l'économie animale du charançon ; parce qu'ils ont négligé de prévenir les causes de dépérissement inhérentes au blé lui-même, c'est-à-dire sa fermentation, parce qu'enfin, n'embrassant qu'une partie du probléme, ils ne pouvaient dans tous les cas obtenir une solution satisfaisante.

Le charançon est un insecte assez extraordinaire ; on le croirait souvent mort, qu'il est au contraire plein de vie ; en voici un exemple : Voulant savoir si ces insectes pouvaient vivre dans l'eau, et comment ils s'y comportaient, j'en mis plusieurs dans un verre plein de ce liquide ; quelque temps ils surnagèrent sans pouvoir se diriger en aucun sens, ni même changer de place, et au bout de deux ou trois minutes, ils tombèrent au fond du vase ; là comme à la surface, ils agitèrent considérablement toutes les parties mobiles de leur corps ; mais bientôt ils cessèrent de remuer, et ne donnèrent plus aucun signe de vie. Je les laissai environ une heure dans cet état, après quoi j'en pris plusieurs qui me paraissaient bien morts ; mais je fus fort surpris lorsque, trois heures aprés qu'ils furent retirés de l'eau, je les vis reprendre leur ancienne activité. Je répétai plusieurs fois l'expérience, et j'obtins toujours le même résultat en les laissant sous l'eau 5 et même 6 jours.

Ces expériences, quoiqu'insignifiantes en apparence, m'ont appris deux choses fort importantes; d'abord que l'eau est pour le charançon, qui ne peut se transporter d'un lieu dans un autre que par la marche, un obstacle qu'il lui est impossible de franchir; et ensuite, que cet insecte ne cessant pas d'exister, quoi qu'immergé et par conséquent privé d'air pendant un temps considérable, ne peut alors être tué par aucune odeur forte, ni par aucun gaz délétère, parce qu'enfin, aussitôt qu'il s'en trouve géné, rien ne le force à respirer.

Il n'est pas d'ailleurs possible de supposer qu'il puisse y avoir chez lui absorption à travers les pores, puisqu'il est de toutes parts recouvert d'une écaille fort dure.

Le résultat de ces opérations me fit faire un très-grand pas vers le but que je me proposais. Je reconnus et j'acquis la certitude que : 1°, il est très-difficile, à cause de la nature même de l'économie animale du charançon, de le faire périr; 2°, que quels que soient les agents dont on veuille faire usage, les grains ont toujours beaucoup à souffrir; 3°, que lors même que l'on arriverait, à l'aide de quelque moyen chimique, à donner la mort à cet insecte, sans nuire à la qualité des grains, le problème ne serait pas encore résolu, puisque ces causes de mort ne pouvant constamment exister, il est certain que le blé sera encore au bout de quelque temps exposé aux mêmes ravages; 4° que l'échauffement dû à une cause inhérente aux principes immédiats du grain lui-même constituant un des plus grands obstacles à sa conservation, ne peut point être arrêté dans ses effets par aucun moyen qui aurait pour résultat de faire périr ces insectes.

Toutes ces considérations, jointes aux expériences que je fis sur cette matière, me déterminèrent à adopter un système qui réussit sous tous les rapports et satisfait à toutes les conditions, *c'est-à-dire* qui met à couvert des dévastations des insectes et autres animaux rongeurs, les grains, et ne leur laisse pas même, fussent-ils mouillés, la propriété de fermenter, et cela sans l'emploi d'aucune substance vénéneuse.

Le moyen que j'ai imaginé est fondé sur les mœurs, les goûts, les besoins et la manière de vivre de ces insectes, comme aussi il détruit une des causes, une des conditions essentielles à la fermentation, condition sans laquelle la fermentatien putride ne peut se développer dans les grains.

Mes expériences m'ont prouvé que les charançons aiment passionnément le repos, et ne se livrent à la reproduction de leur espèce que lorsqu'une parfaite tranquillité se joint à une certaine élévation de la température de l'air atmosphérique, et que pour peu qu'on les trouble et que l'air n'ait point le degré convenable, ou même que dans les plus fortes chaleurs de l'été on le fasse circuler avec une certaine vitesse à travers le grain, loin de pulluler, ils ne tardent point à fuir des monceaux qui ne leur offrent plus assez de sécurité, ni des retraites qui satisfassent et leurs goûts et leur manière de vivre.

Mes expériences m'ont également démontré qu'un monceau de grain, fut-il mouillé, et par conséquent possédant les éléments les plus capables de déterminer la fermentation, n'en est cependant point susceptible, si, au même instant qu'on agite la masse, on soumet ce grain à l'action d'un courant d'air qui le traverse. Ces deux circonstance ayant lieu simultanément, non-seulement s'opposent à l'échauffement, mais encore sont capables d'arrêter et de dissiper la chaleur qui pourrait exister dans le grain, et en outre de lui enlever toute son humidité.

Ce sont ces principes, cette théorie, qui servent de base au système de conservation que je vais exposer et décrire.

Description

DE L'APPAREIL.

Cet appareil se compose principalement d'un cylindre creux AAAA, dans lequel on renferme le grain à conserver ; la figure 1re en est l'élévation et le représente tel qu'il est extérieurement. Ce cylindre a 4 mètres de diamètre intérieur et une longueur intérieure de 12 mètres. La figure 2e en est la coupe longitudinale et laisse apercevoir sa construction intérieure.

Les figures 3e et 4e sont les plateaux, à la circonférence desquels sont posées les planches qui forment l'extérieur du cylindre. Au centre de ceux-ci se trouvent les tourillons Z, qui supportent le système en son entier et lui permettent de se mouvoir circulairement.

Ces plateaux se composent de plusieurs pièces ; au centre est une espèce de moyeu en fonte de fer CC..., qui donne à ces plateaux toute la solidité nécessaire. A la circonférence de ces moyeux sont des mortaises C'C'...., dans lesquelles sont posés les 16 rayons KK..., et à l'extrémité de ces derniers se trouvent assujéties d'autres pièces également en bois Q, qui forment jantes et reçoivent les planches extérieures du cylindre, maintenues par les cercles de fer D, figure 1re.

Aux extrémités du cylindre sont deux plateaux de ce genre, avec cette différence que l'un d'eux seulement possède à sa circonférence une denture à l'aide de laquelle le cylindre est mis en mouvement, et peut laisser librement circuler l'air à travers les ouvertures PP.....

W, figures 2e, 5e et 7e, est un conduit qui traverse le cylindre en son axe et dans toute sa longueur; des trous existent aux planches qui le composent; ils donnent issue à l'air, qui sort des cases qui contiennent le grain. Des trous du même genre sont pratiqués dans les planches extérieures du cylindre, pour faciliter l'entrée de l'air du dehors à l'intérieur. Ces ouvertures sont recouvertes de toiles métaliques, dont les mailles sont assez serrées, seulement pour que les grains ne puissent passer à travers.

BB..., figures 1re et 2e, pieds qui supportent l'appareil.

XX..., figures 1re, 2e, 6e et 10e, petits réservoirs qu'on a soin de tenir pleins d'eau et qui servent à isoler du sol l'appareil, afin que les insectes du dehors ne puissent s'y introduire. On a vu dans la première partie de ce mémoire que le charançon ne peut franchir la plus petite lame d'eau.

T, figures 1re et 2e, est une enveloppe circulaire posée sur le pied B et par conséquent immobile; cette pièce en fonte de fer est munie d'une rainure t, également circulaire, dans laquelle entre un cercle t', fixé au moyeu ou plutôt existant à même ce moyeu, et représenté d'une manière ostensible, figure 4.

Cette enveloppe doit être posée de manière que son axe soit exactement le prolongement de celui du cylindre, et que la rainure T reçoive à frottement doux le cercle T'.

Il est facile de concevoir que, lorsque le cylindre opère son mouvement de rotation, le cercle T' glisse dans la rainure T que l'on a eu soin de garnir d'étoupe grasse comme les boites à étoupes des machines à vapeur. Il résulte de cette disposition, que si l'on fait jouer le ventilateur (Voy. fig. 1re et 10e), le vide se fait dans le canal cylindrique W ; alors l'air du dehors est forcé de s'introduire par les ouvertures pratiquées dans les planches qui composent la partie extérieure du cylindre, de traverser le grain, et de là entrer dans le conduit W, pour ensuite gagner le ventilateur par les ouvertures P existantes dans le moyen C,, entre le cercle saillant et l'axe Z.

P' est un second conduit en toile cirée, garnie de cerceaux à l'intérieur, établissant une communication entre le ventilateur et l'enveloppe circulaire T.

Figure 10e, élévation du ventilateur vu par le bout ; la figure 6 en est la coupe, par un plan perpendiculaire à l'axe. V, V..., fig 10e et 6e, sont les ailes ; V', arbre qui porte les ailes, et auquel est adaptée la roue cône, dentée X'. N, N, cercles en fonte de fer auxquels s'adaptent les 6 rayons K' formant la cage du ventilateur ; ce cercle reçoit aussi le conduit P' et livre passage à l'air que contient ce dernier, pour enfin celui-ci être chassé au dehors par la force centrifuge que développent les ailes V, V,... dans leur action rotative.

Maintenant on peut facilement concevoir comment le cylindre et le ventilateur sont simultanément mis en mouvement.

La roue J, adaptée à l'arbre O, engrène avec la roue J'; celle-ci, appliquée sur l'arbre M, met en mouvement le pignon E, qui fait tourner la roue X' et par conséquent l'arbre V', et enfin les ailes V, V....

Les deux roues cônes J, J' qui engrènent ensemble ont un nombre égal de dents.

Le pignon E en a moitié moins et est moitié moins grand que la roue X', commandée par lui.

L'arbre O qui reçoit d'abord le mouvement de rotation de telle force motrice que l'on veut lui appliquer, en même temps qu'il fait marcher le ventilateur, comme nous venons de le voir, porte le pignon S', qui commande la roue S et dès-lors l'arbre W'; le pignon A, engrenant avec la denture B' du plateau, communique au cylindre le mouvement de rotation qui lui est utile.

Quant au diamètre ou au nombre de dents que doivent avoir les roues menées, par rapport aux roues menantes, il est clair qu'on ne peut rien determiner d'avance et que tout dépend de la force appliquée à la mise en action du système entier.

La figure 5e représente la coupe du cylindre par un plan

perpendiculaire aux axes, et permet de bien voir à l'intérieur comment le cylindre est divisé par cases qui contiennent le grain soumis à la conservation.

La figure 7e est également la coupe d'un cylindre par un plan perpendiculaire à l'axe, qui diffère de la figure 5e en ce qu'il n'est point divisé en cases. C'est à l'expérience à démontrer lequel des deux systèmes de cylindre convient le mieux au but.

Les parties pointillées des figures 5e et 7e désignent l'espace occupé par le grain, soit dans un cylindre divisé en cases, soit dans un cylindre non-divisé.

Les lignes Q Q' qui existent dans les cases A,B,C,D,E,F, G,H, forment des plans inclinés et présentent, avec la ligne horizontale, des angles de 27 degrés; c'est dans cette circonstance que le grain qui est à la surface ne se trouvant plus soutenu et sollicité par son poids, roule de Q' en Q, et le cylindre auquel on imprime un mouvement de rotation détermine dans la masse entière du grain un changement total de position; et pour que ce changement soit produit d'une manière complète, il suffit que le cylindre ainsi divisé, fasse une demi-révolution sur ses axes, c'est-à-dire se meuve de Z en T.

Il est facile de se rendre compte par le calcul de la force motrice qu'il faut dépenser pour déterminer le mouvement de rotation, soit dans l'un, soit dans l'autre système de cylindre. Toutes circonstances, d'ailleurs les mêmes, même diamètre, même longueur de cylindre, même poids de grains mis en mouvement, et enfin même vitesse.

Pour apprécier la force employée dans le cas d'un cylindre divisé en cases, abstraction faite des frottements qui d'ailleurs sont peu sensible dans cette circonstance, il suffit de connaitre quel est le poids qui, suspendu à l'extrémité du rayon Z, est capable de maintenir les cases A,B,C,D en équilibre avec les cases H,G,F,E; les lignes Q Q' de celle-ci conservant leur inclinaison de 27 degrés avec l'horizon, pente où le grain, à l'état normal de siccité, est sur le point d'être entrainé par sa pesanteur.

Pour arriver à cette connaissance, il faut déterminer le centre de gravité du grain contenu dans chaque case, puis combiner ensemble toutes les forces qui agissent à ces centres de gravité, de manière à trouver leur résultante et son point d'application.

Supposons, par exemple, que l'on veuille connaitre le centre de gravité du grain que renferme la case A, il suffit de trouver celui du quadrilatère $a\ a'\ b\ a'''$, et pour cela, il faut le diviser en deux triangles $a\ a'\ a'''$, et $a'\ a'''\ b$.

On sait que le centre de gravité d'un triangle est situé sur la ligne droite menée du sommet d'un des angles au milieu du côté opposé et à la distance d'un tiers de la longueur de cette ligne, à partir du côté mentionné.

Opérant d'après ces principes sur les deux triangles de cette figure, nous voyons que le centre de gravité est situé au point M du premier triangle et au point M' du second.

Pour combiner les deux forces qui existent en M et M',

il faut diviser la force M par la force M' (soit q le quotient), et partager ensuite la droite MM' en $q+1$, parties égales. Le premier point de division après M (allant vers M') sera le centre de gravité du système de force agissant sur le quadrilatère $a\,a'\,b\,a'''$.

Substituant les valeurs numériques aux lettres ci-dessus (ces valeurs sont les surfaces des triangles) $a\,a'\,a'''\;a'\,a'''\;b$,

On trouve $\frac{M}{M'} = 3{,}27$.

Dès-lors il faut diviser MM' en 3,27 + 1, parties.

La distance de M à M' = 0m 51 ;

Donc on aura $\frac{51}{4{,}27} = 0^m\,1194$ distance du point M au centre de gravité du quadrilatère $a\,a'\,b\,a'''$ sur la droite MM'.

Il faut agir de même pour toutes les autres cases, en combinant ensemble les forces qui agissent au centre de gravité de chaque triangle formant la surface de ladite case.

Opérant, par exemple, sur la case D, on trouve qu'il est indispensable de diviser la figure en trois parties, les triangles $d\,d'\,d''$, $d''\,e$ et le segment compris entre la corde $e\,d$ et l'arc $e\,o\,d$. Dans ce cas il faut combiner la force agissante au centre de gravité du triangle $d\,d''\,e$ avec celle du triangle $d\,d'\,d''$, puis la résultante de ces deux dernières avec la force qui agit au centre de gravité du segment.

Pour connaître le centre de gravité d'un segment, il faut faire usage de la formule suivante :

$$D = \frac{C^3}{12\,S} \quad \left\{ \begin{array}{l} \text{D, distance dudit centre à l'axe du cylindre.} \\ \text{C, corde du segment.} \\ \text{S, surface du segment.} \end{array} \right.$$

Dans ce cas, on a $\begin{cases} C = 1^m 531. \\ S = 0^m 157045. \end{cases}$

Alors, d'après la formule, on trouve :

$D = 1^m 90.$

Le centre de gravité du segment pour cette case est donc éloigné du centre R de $1^m 90$ et sur la ligne RO, le point O étant le milieu de l'arc *d e*.

Connaissant, en suivant la marche que nous venons d'exposer, le centre d'action de toutes les forces, il devient facile de connaître le poids qui doit faire équilibre à la masse entière du système.

Soit X la résultante de toutes les forces ;

U la distance de son point d'action à la perpendiculaire passant par le centre du cylindre ;

R le rayon du cylindre ;

M la force qu'il faut appliquer en *z* pour faire équilibre ;

Nous aurons $\frac{U \times X}{R} = M.$

M sera donc le poids qu'il faudra poser en *z* pour établir l'équilibre des cases A, B, C, D, H, G, F, E.

Le poids M étant connu, il nous reste à savoir, pour déterminer la force dont il faudra disposer pour faire opérer au cylindre un mouvement de rotation de *z* en T, la longueur de l'arc compris entre ces deux lettres, longueur que l'on obtiendra par $2 \pi R \times 360 \frac{n}{360}$; *n* représentant le nombre de degrés compris entre *z* et T.

Connaissant le nombre de mètres qui mesure la distance de l'un à l'autre de ces points et l'exprimant par Q, on peut déterminer la force ou la quantité de dynamies * nécessaire pour opérer le mouvement de z en T. Appelons la F et nous aurons :

$$F = Q \times \frac{M}{1000} \left\{ \begin{array}{l} Q \text{ étant exprimé en mètres.} \\ M \text{ en kilogrammes.} \end{array} \right.$$

Le cylindre contenant 1,000 hectolitres de grain, on trouve que F = 13 1/5 dynamies.

Maintenant déterminons la force qu'il est utile d'appliquer au cylindre non divisé en cases, afin de maintenir la ligne Q Q' dans une position telle que cette ligne forme avec l'horizon un angle de 27°; il est nécessaire de connaître la portion du grain qui empêche que l'équilibre ait lieu entre la partie du cylindre C Z K et la portion C A K. Or, il est facile de voir qu'en retranchant de cette partie C A K la partie A C B, il restera deux portions absolument égales en surface et en poids, et que c'est de C A B dont il nous faut chercher le centre de gravité, et la distance de ce centre de gravité à la perpendiculaire passant par l'axe du cylindre, afin d'obtenir le poids qui, posé en Z, fera équilibre à cette masse.

Or, à l'aide des formules ci-dessus indiquées à l'appréciation de la force nécessaire, à la mise en mouvement du cylindre divisé en cases, nous trouvons que le centre de

* Une dynamie est une unité de force égale à 1,000 k. élevés à 1 mètre de hauteur.

gravité de la portion C A B est au point T. Connaissant la distance M de ce centre de gravité et la distance M' du point Z à la perpendiculaire passant par l'axe du cylindre, et de plus le poids P du grain contenu dans C A B, nous pouvons déterminer le poids nécessaire en Z pour mettre en équilibre tout le système par la formule $\frac{P \times M}{M'} = X$.

Pour que le grain contenu dans le cylindre soit remué entièrement, il suffit de lui faire opérer une révolution de Z en A. Appelant Q le nombre de mètres qui mesure la longueur de l'arc compris entre ces deux points, nous aurons en dynamies la force nécessaire à ce travail $\frac{Q \times X}{1000} = F$.

Ces deux dispositions différentes de l'intérieur du cylindre produisent absolument le même résultat pour ce qui regarde la conservation des grains; et ce qui seul doit faire préférer un système à l'autre, est le plus ou le moins de force qu'exige chacun d'eux dans leur mise en action. Or, en effectuant les calculs indiqués ci-dessus, les résultats prouvent que, pour opérer le dérangement complet du grain contenu dans un cylindre divisé en cases et contenant 1,000 hectolitres de grain, il ne faut que 13 1/5 dynamies, tandis que le même travail, pour un cylindre non divisé, de même grandeur et contenant la même quantité de grains que le premier, en exige au moins 47 1/5. C'est pour cela que j'ai dû entrer dans quelques détails numériques, et mettre les constructeurs qui voudront s'occuper de ce genre d'établissement, à même d'apprécier les deux systèmes, et de choisir celui qui présente le plus d'économie et d'avantage.

La figure 8 représente la coupe longitudinale d'un frottoir à brosses.

C C C C, petit cylindre fixe, reçoit par la trémille E le grain qui se trouve soumis à l'action des brosses mobiles BB.... Ce cylindre est formé par la réunion de deux demi-cylindres en tôle piquée et toile métalique, établies sur des carcasses en bois ou en fonte de fer, composés de demi-anneaux transversaux et de baguettes longitudinales.

B B......, 8 brosses montées à réglement sur les trois cercles en fer coulé K K K, avec lesquels elles tournent. Ces brosses fortes et dures sont en soie de sanglier.

I, arbre en fer carré sur lequel sont fixés les cercles K K K.

Figure 9, vue par le bout des 8 brosses montées sur les cercles K K K à l'aide des tiges de réglement L, à double écrou, de manière à aboutir aux parois intérieures T du cylindre.

A A A A, huche ou armoire qui renferme le petit cylindre; le fond, garni de zinc ou de plomb, contient de l'eau afin que les insectes qui sont passés à travers la toile métalique ne puissent s'échapper.

P, poulie sur laquelle passe la cuirasse motrice.

Cette machine est ainsi disposée, pour que le grain qui passe à son intérieur se trouve frotté au point d'être abandonné par les insectes, purgé des œufs de cadelle ou de fausses-teignes qui pourraient adhérer à sa surface * et par conséquent rendu le plus propre et le plus convenable à la conservation.

Quant aux œufs ou aux larves de charançon qui pourraient exister à l'intérieur des grains que l'on veut soumettre à la conservation, on ne doit concevoir aucune crainte. L'abaissement de température produit par le courant d'air et l'agitation que l'on peut donner d'une manière si facile et si peu coûteuse aux blés contenus dans l'appareil, suffiront pour empêcher ces insectes, lorsqu'ils seront arrivés à leur état parfait, de se livrer à la reproduction de leur espèce ; ces deux circonstances réunies ne manqueront jamais de déterminer ce résultat, qui d'ailleurs est d'autant plus facilement obtenu, que dans les premiers moments où ils viennent d'opérer leur dernière métamorphose, les charançons ne cherchent point de suite à s'accoupler, et le seul instinct qui les domine est celui de veiller à leur conservation, et de fuir au moindre danger.

Ce dernier fait, que l'expérience prouve, peut-il laisser quelques doutes ? Craint-on que par un malheureux hasard quelques charançons provenus des œufs ou des larves contenus dans le grain à l'instant où l'on a renfermé celui-ci dans le cylindre, ne fuient pas et occasionnent des désordres, des ravages ? L'usage de l'appareil offre plusieurs

* Comme on l'a vu plus haut, les œufs de fausses-teignes ou de cadelle n'existent jamais à l'intérieur du grain, mais, au contraire, toujours à la surface.

moyens de se mettre à couvert de ce danger, si toutefois il existait, moyens qui ne peuvent laisser aucun doute sur leur efficacité, et qui persuaderont les plus incrédules comme les plus craintifs.

Supposons un instant que nous ayons à opérer dans les circonstances les moins favorables, et que le jour même où l'on a renfermé du blé dans l'appareil de conservation, beaucoup de grains aient été incrustés des germes qui un jour doivent faire naître des charançons; on sait que du moment où la ponte a eu lieu à celui où l'insecte a subi sa dernière métamorphose, il s'écoule 50 à 55 jours; eh bien, en admettant que tous ne fuiraient pas au fur et à mesure qu'ils sortiraient du grain, parce que la gêne qu'on leur fait éprouver ne suffirait pas à déterminer ce résultat; comme il est un fait bien certain, bien positif, qu'en continuant sans cesse le mouvement de l'appareil pendant 50 à 55 jours, on empêchera l'accouplement, on peut soumettre, ce laps de temps écoulé, le grain à l'action du frottoir, et on aura alors la conviction qu'il est purgé, non-seulement des insectes à l'état parfait, mais encore des œufs et des larves, puisqu'on aura donné à ceux-ci tout le temps nécessaire à leur entier développement.

Il ne faudrait point croire que, pour l'exécution de ce travail, on dût pendant 50 à 55 jours en faire une occupation de tous les moments; il est facile au contraire de disposer l'appareil de telle manière que ce soit l'affaire de quelques minutes le matin et le soir.

Nous avons vu plus haut que pour opérer le remuement complet de 1,000 hectolitres de grain contenu dans un cylindre divisé par cases, il fallait théoriquement une force de 13 1/5 dynamies, pour faire une large part au frottement; nous supposerons que la force nécessaire soit de 25 dynamies, et elle pourra être fournie par un cheval en 7 à 8 minutes de travail. Réservant cette force et l'appliquant d'abord, soit à l'élévation d'un corps pesant, soit à la tension d'un ressort qui, réagissant ensuite, communique au cylindre un mouvement calculé de manière à ce que celui-ci fasse sa révolution en 12 heures, il s'en suivra que les soins à donner se réduiront à fort peu de chose.

Il est encore un moyen fort simple de mettre le grain que l'on veut conserver à l'abri des œufs et des larves qu'il pourrait contenir, c'est de le faire traverser par un courant d'air, en profitant pour l'exécution de ce travail d'un moment où l'atmosphère est très-froide, d'un temps de gelée, par exemple; il en résulte que les œufs ou les larves sont désorganisés par l'abaissement excessif de la température. Les larves meurent en peu d'instants, et les œufs ne peuvent plus éclore; les charançons même succombent à cette épreuve.

Ce résultat n'est jamais obtenu, quelque basse que soit d'ailleurs la température, lorsque le grain est simplement déposé dans un grenier ordinaire, autant bien aéré qu'il puisse être. Cela tient à ce que la masse entière n'est point pénétrée, ne reçoit point l'action atmosphérique, et que l'effet réfrigérant ne se manifeste qu'à une profondeur peu considérable. D'un autre côté, il est impossible, malgré toutes les précautions et les soins qu'on y prenne, d'empêcher que la fermentation ne s'y développe toujours un peu ; ce qui ne peut avoir lieu sans qu'il en résulte une certaine élévation de température.

On peut à la rigueur prendre cet excès de précaution, lorsqu'il s'agit de conserver des grains que l'on s'est procuré dans le commerce ; il est naturel, dans ce cas, d'avoir des craintes, parce que ceux-ci ont souvent séjourné longtemps dans les magasins avant d'être vendus ; et que ces soins pris, on est pour toujours hors de toute espèce d'inquiétude ; mais pour le producteur qui veut conserver sa récolte, tant de soins sont inutiles ; il bat son grain habituellement en hiver, parce qu'à cette époque plutôt qu'à toute autre de l'année, il a le temps de se livrer à ce genre de travail. Dans cette saison froide, les charançons ne pullulent point, et par conséquent, la ponte est arrêtée ; il en résulte que, si on a soin de faire porter le grain à mesure qu'il est battu, dans le cylindre de conservation, on n'aura pas à craindre qu'il s'y trouve des œufs ou des larves. Le cultivateur qui fait battre son grain en hiver, sera donc parfaitement à couvert des insectes, puisque ceux-ci, à l'époque des chaleurs, ne pourront s'y rendre et y déposer leur postérité.

Maintenant que l'on a pu apprécier, après l'exposé des principes qui m'ont servi de base, le rôle que joue chaque partie de l'appareil ; que l'on a vu ensuite comment toutes ces parties concourent ensemble à la préservation du grain qui leur est confié, et que l'on a parcouru quelques notes succintes, suffisantes d'ailleurs pour arriver à connaître la résistance qu'offre la mise en mouvement du système entier, on est à même de résumer ainsi les avantages que présente ce mode de conservation :

« 1°, Pouvoir renfermer dans un espace donné 4 fois » autant de grain que par la méthode ordinairement mise » en pratique.

» 2°, Remuer le grain avec la plus grande facilité et de » la manière la plus parfaite, sans qu'il soit utile d'entrer » dans l'intérieur de l'appareil, et cela avec la faculté » d'appliquer à ce travail telle force motrice que l'on » jugera la plus économique, suivant les localités.

» 3°, Faire passer un courant d'air à travers la masse » pendant que le blé est en mouvement, et en faire par » conséquent éprouver l'influence à tous les grains sans » exception

» 4°, Préserver le froment des atteintes des animaux » rongeurs et des insectes qui le recherchent pour en » faire leur nourriture.

» 5°, Ne point laisser aux insectes du dehors la pos- » sibilité d'entrer dans l'appareil.

» 6°, Préserver sans perte ni déchet, ni aucune dété- » rioration, et maintenir constamment dans un état de » salubrité le blé soumis à la conservation.

» 7° Donner la faculté de conserver facilement les » grains qui jusqu'à ce jour avaient été considérés comme » ne pouvant être gardés ; tels, par exemple, que ceux qui

» ont été récoltés par des temps humides ; pouvoir même, » et cela sans augmentation sensible de frais, conserver » les blés entièrement pénétrés d'eau.

» 8°, Rendre à l'écorce du vieux blé le degré de coriacité et de souplesse qui convient le mieux à la mouture, » en faisant passer à travers la masse du grain un air » chargé suffisamment d'humidité.

» 9°, Enfin ce système peut être appliqué aussi bien » aux plus minces qu'aux plus importants approvisionnements. Il convient au simple propriétaire qui veut conserver sa récolte, comme à un gouvernement qui, dans » sa solicitude, veut mettre son armée et les établissements publics à couvert de toutes chances de disette. »

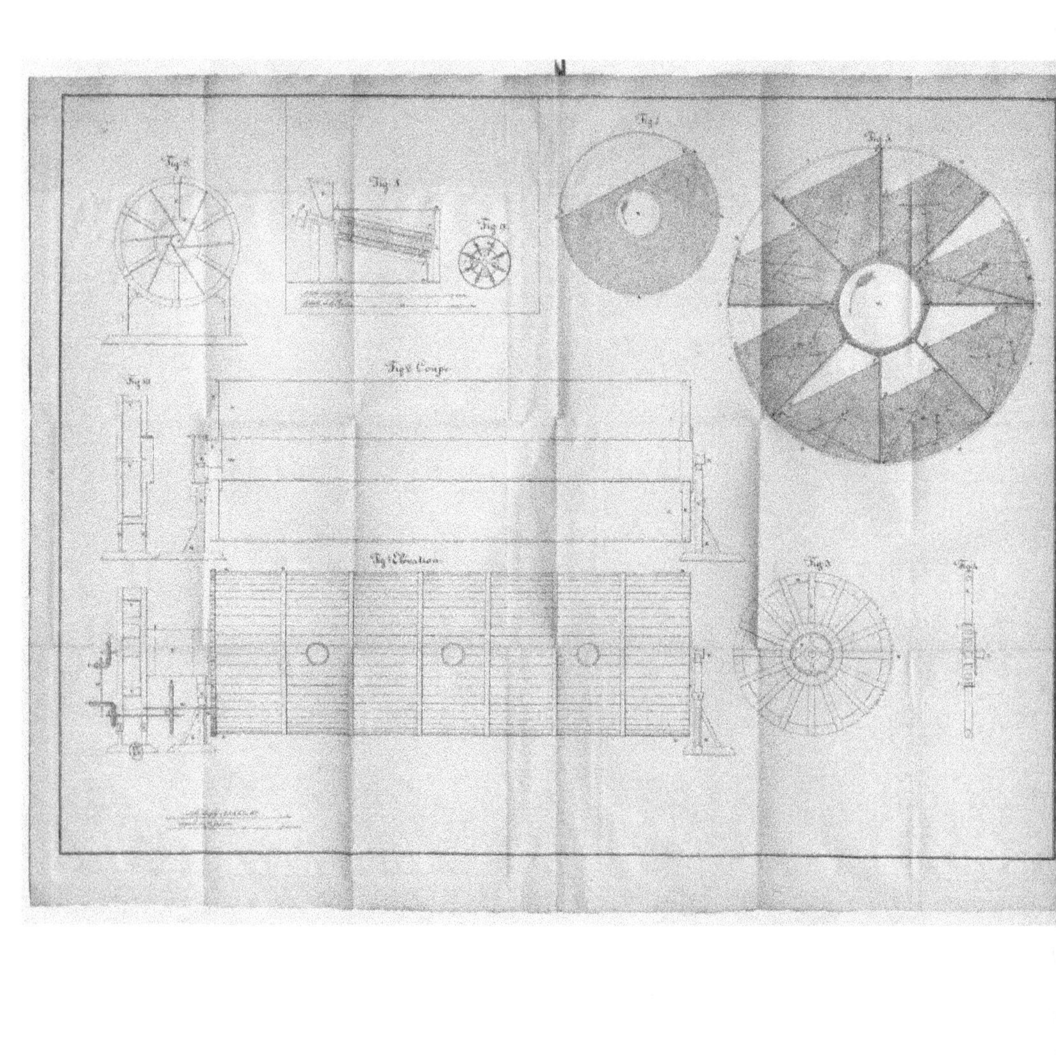
Fig. 2 Coupe
Fig. 1 Elévation

www.ingramcontent.com/pod-product-compliance
Ingram Content Group UK Ltd.
Pitfield, Milton Keynes, MK11 3LW, UK
UKHW021516260726
13993UKWH00004B/1714